7 古村落

8 民居建筑

9 陵墓建筑

10 园林建筑

11 书院与会馆

12 其他

筑境

中国精致建筑100

闾山北镇庙

鲍继峰 包慕萍 周洪山 赵杰 撰文

鲍继峰 包慕萍 Muse Davis 摄影

中国建筑工业出版社

出版说明

中国是一个地大物博、历史悠久的文明古国。自历史的脚步迈入新世纪大门以来，她越来越成为世人瞩目的焦点，正不断向世人绽放她历史上曾具有的魅力和光辉异彩。当代中国的经济腾飞、古代中国的文化瑰宝，都已成了世人热衷研究和深入了解的课题。

作为国家级科技出版单位——中国建筑工业出版社60年来始终以弘扬和传承中华民族优秀的建筑文化，推动和传播中国建筑技术进步与发展，向世界介绍和展示中国从古至今的建设成就为己任，并用行动践行着“弘扬中华文化，增强中华文化国际影响力”的使命。从20世纪80年代开始，中国建筑工业出版社就非常重视与海内外同仁进行建筑文化交流与合作，并策划、组织编撰、出版了一系列反映我中华传统建筑风貌的学术画册和学术著作，并在海内外产生了重大影响。

“中国精致建筑100”是中国建筑工业出版社与台湾锦绣出版事业股份有限公司策划，由中国建筑工业出版社组织国内百余位专家学者和摄影专家不惮繁杂，对遍布全国有历史意义的、有代表性的传统建筑进行认真考察和潜心研究，并按建筑思想、建筑元素、宫殿建筑、礼制建筑、宗教建筑、古城镇、古村落、民居建筑、陵墓建筑、园林建筑、书院与会馆等建筑专题与类别，历经数年系统科学地梳理、编撰而成。本套图书按专题分册，就其历史背景、建筑风格、建筑特征、建筑文化，结合精美图照和线图撰写。全套100册、文约200万字、图照6000余幅。

这套图书内容精练、文字通俗、图文并茂、设计考究，是适合海内外读者轻松阅读、便于携带的专业与文化并蓄的普及性读物。目的是让更多的热爱中华文化的人，更全面地欣赏和认识中国传统建筑特有的丰姿、独特的设计手法、精湛的建造技艺，及其绝妙的细部处理，并为世界建筑界记录下可资回味的建筑文化遗产，为海内外读者打开一扇建筑知识和艺术的大门。

这套图书将以中、英文两种文版推出，可供广大中外古建筑之研究者、爱好者、旅游者阅读和珍藏。

目录

闾山北镇庙

医巫闾山地处辽宁省北镇满族自治县西部，北镇庙位于北镇县城与医巫闾山主要景区之间。山与庙所在之地北镇县是辽宁省西部重镇，居关外要冲之地，先后有西汉、隋、唐、辽、金、元、明、清九个朝代在此设府置县，历来有“幽州重镇、冀北严疆”之称。

我国有五大镇山，除北镇幽州医巫闾山外，尚有东镇青州沂山、西镇雍州吴山、中镇冀州霍山、南镇扬州会稽山。这些镇山都曾设有山神庙。北镇庙建于隋开皇十四年（594年），是全国保存最为完好的一座大型镇山庙。

一、圣山镇庙

我国是多山之国，在《山海经》中共记载了大山447座，小山5370座。纵横交错的山脉构成了中国的地貌骨架，高山峻岭形成许多雄伟壮丽的景观。自古以来，有许多名山被看作是神圣的地方。先民们相信山岳镇守着大地，确保着人类的生存空间，风雨为山川所生，金秋硕果是山川的赐予；在高耸入云的山岳中居住着天神，是灵魂再生的地方。崇拜和祭祀山神，早在殷代的卜辞中就有记载。历代君王都以受命于天为自许，于是奉山岳为神祇，制定祭祀制度，以祈求风调雨顺，江山永固。为了祭祀的需要，往往近山建祠供奉山神。医巫闾山北镇庙就是帝王举行封山大典和祭祀闾山山神的镇山庙。

医巫闾山属阴山山系松岭山脉，东北至西南走向，长45公里，宽14公里，面积630平方公里，主峰望海山海拔866.6米。该山古称甚多，如：於微闾山、扶犁山、无虑山、无闾山、医巫虑山、医巫闾山等。这些名称均系东

图1-1 医巫闾山一景
闾山苍翠高峻、掩抱六重，峰峦间合，古迹颇多。图中山峰之巅是明长城的一座关隘——白云关。

胡语的音译，其意为“大山”。因此山“掩抱六重”，又称“六山”。金代在北镇县所在地设广宁府，元代设广宁府路，明代改广宁卫，清初设府后改广宁县。因此，该山又有“广宁大山”之称。简称为“闾山”。

闾山雄峻多姿，峰峦秀丽，苍松耸翠，怪石争奇，古迹颇多，在风景最佳处曾有许多寺观。据某些学者推测，中国古代五帝之一颛顼（zhuān xū）生于幽，死后葬于附禺山，附禺之音与扶犁、无虑、无闾音近，当为医巫闾的音译。《辽海奇观》说：颛顼本是感天地之灵而生的神，他的葬所一定在雄峻多姿山水奇秀的名山，北方名山首推医巫闾山，颛顼葬于此不枉一生之英名。

闾山被封为镇山的历史悠久，《周礼·职方式》载：“东北曰幽州，其山镇为医巫闾。”又《古今图书集成·职方典》称：“舜即位分冀医巫闾之地为幽州，于时分州十二，各封一山，以为一州之镇，医巫闾山即幽州之镇也。”西周时期，又将天下划分九州，分封九镇山，仍以医巫闾山为幽州之镇。隋朝诏封四大镇山，封医巫闾山为北镇。《隋书·礼仪二》载：隋文帝开皇十四年闰十月诏北镇医巫闾山，并就山立祠。到了唐朝，确立了五岳五镇，仍以闾山为北方镇山。自唐以后，历代对医巫闾山皆有封爵：唐玄宗天宝十年（751年），封为“北镇爵广宁公”；宋政和及金世宗大定年间封为“广宁王”；元成宗大德二年（1298年）加封为“贞德广宁王”；明洪武三年（1370年）诏定“岳镇海渎神号”，称“北镇医巫闾山之神”，因为用了神号，至此闾山的地位已明显在帝王之上了。清代仍沿用神号，清光绪年间又加“灵应”二字。据史料记载，从北魏文成帝和平元年（460年）起，隋、唐、宋、辽、金、元、明、清历代朝廷都来闾山祭祀。辽兴宗耶律宗贞、道宗耶律洪基曾多次来闾山告祭；清圣祖、世宗、高宗、仁宗和宣宗也相次来医巫闾山祭游。北镇庙自隋代建成“医巫闾山神祠”后，历代皆有修建。凡遇天时不顺，地道欠宁，或改朝换代，新皇登极等大事，封建朝廷都要派官员来此告祭，甚至皇帝亲临。

历代对祀典都有日期规定：明代以前，除春秋例祭之外，发生重要事情，则随时祷告祭祀。清朝定都北京后，沿袭明朝旧制到北镇庙祭告行礼。据1684年修《盛京通志》载，1661年康熙皇帝继位，特派大臣来北镇医巫闾山祭告：“朕诞膺天命，祇荷神庥。特遣专官，明申殷鉴，惟神鉴焉。”他申明自己是顺应天命、神祇保佑继位。康熙六年（1667年）康熙皇帝亲政之时再派大臣告祭，并在北镇庙刻碑留记。康熙四十二年（1703年）康熙皇帝五十寿辰时派大臣到北镇庙祭告：“今者适届五旬，海宇升平，生民乐业。特遣专官，虔申秩祀，尚凭灵贶（kuàng），并锡（cì）蕃禧，祐我国家，共登仁寿，神其鉴焉。”康熙皇帝向山神夸耀了自己亲政业绩，申明按惯例前来

图1-2 北镇庙远景

从东南面远眺北镇庙，主要建筑依山就势，气势雄浑，在青纱般闾山衬托下显得更为壮丽恢宏。

祭祀，请山神保佑其国家永昌。乾隆皇帝四次东巡亦均到闾山拜祭。1743年第一次东巡，为北镇庙御书“乾始坤枢”匾额；1754年第二次东巡，至庙行礼，并作诗祭山，并用满汉两种文字刻于碑上，立于御香殿前；1778年和1784年第三、第四次东巡也都亲至庙内行礼。此外，嘉庆皇帝两次东巡，道光皇帝1829年东巡均到北镇庙祭祀和驻跸。

北镇庙至今已有1400多年的历史，几经沧桑，至今仍耸立在巍巍闾山山麓，庙内尚存的许多碑刻，记载了它曾有过的辉煌，并为研究祀礼典章、庙宇营建等提供了丰富的资料。

二、闾山神的『家』

闾山北镇庙和东岳泰山岱庙同是山神庙。宋《宣和重修泰岳庙碑》载："增治宫宇，缭墙外围，罘罳（fú sì）分翼，峭然如御都紫极，望之者知为神灵之宅。"这个描写同样可以用于北镇庙。尽管北镇庙的规模、建筑的等级不如岱庙，但同样采取了"御都紫极"的宫城之制，望之为"神灵之宅"，它们都是山神的"家"。

北镇庙恢宏壮丽，围墙内占地面积约5公顷，盛时建筑面积达5000多平方米，主要建筑物分布在两条并行的南北轴线上。主轴线在西侧，并穿过神庙所在山丘的最高点，石牌坊、山门、神马门、御香殿、大殿、更衣殿、寝宫等自南至北依次坐落于轴线上，构成了神庙的主体建筑群。副轴线在东侧，乾隆年间修建的广宁行宫便坐落在这条轴线上，从南面的照壁开始，穿过行宫大门、含碧斋、仰止堂，止于寝宫，行宫入口处的照壁比神庙的起始点石牌坊向北退后了约120米，所以无论从建筑的外

图2-1 山门外观
山门位于石坊之北，前有20级石阶，将其高高抬起。山门为一无梁殿，开三券洞门。屋顶为绿琉璃瓦歇山顶，造型与一般北方寺庙类同。

图2-2 北镇庙题匾

山门中央券洞上方嵌长方形匾额一方，书“北镇庙”三个大字，据传为明代大书法家严嵩所书。

观还是从总体布局上看，都突出了神庙建筑群的主导地位。可惜行宫这组建筑已毁，现只存遗址。

北镇庙始建于隋开皇十四年，称“医巫闾山神祠”，金大定四年（1164年）重修，改名“广宁神祠”，其建筑情况已无记载。元末，由于战乱兵燹，只遗存正殿三间。明洪武二十三年（1390年），太祖朱元璋诏令重修庙宇，在元代遗存正殿之南建瓦屋三间，左右各一间，于庙东建宰牲亭、神库、神厨各三间，并缭以垣墙。据此可知，北镇庙当时规模尚很小。明永乐十九年（1421年），朝廷下令对北镇庙进行大规模的扩建，据《重修北镇庙》载：“太宗文皇帝永乐十九年特敕所司撤其旧。而创构前殿五间、中殿三间、后

图2-3 山门歇山顶细部
山门为单檐歇山屋顶，上施绿琉璃瓦。屋顶举势低缓。戗脊上设龙、凤、狮三走兽。由于为拱券结构，屋檐几乎没有出挑。整体外形稳重厚实。

殿七间。前又创御香殿五间，以贮朝廷之降香也。……后殿左右各建殿五间，前殿前各建左右司一十一间。又建神马门及外垣砖甃朱门，通二层形势，入门则以渐而高，就地势而为之也。”此时的北镇庙的主体建筑已含有四大殿，并雄踞高台之上，基本上确立了北镇庙的总体格局。之后，明代还曾多次进行维修、扩建，其中在弘治七年（1494年），增建了钟鼓楼，左右翼殿二十间，山门五间，在山门前建木制牌坊一座。经明末战乱，北镇庙受到较大破坏。清代，自康熙始也多次维修、扩建。《北镇县志》载，清雍正元年（1723年），重修御香殿五楹、大殿七楹、更衣殿三楹、内香殿三楹、寝宫五楹、神马殿五楹、大门五楹，建石牌坊一座、碑亭两座。这次修建将明代七楹寝宫改为五楹，五楹大殿改为七楹，而且增加了更衣殿，高台上有了五座大殿。木牌坊换为石牌坊。雍正四年（1726年）及乾隆十九年（1754年）各增建碑亭一座。光绪十八年（1892年），由奉军统领记名提督左宝贵再次主持维修，对庙内宫殿、廊庑、门阙、楼亭、寮舍之属一百三十楹建筑重加修葺，并建缭垣三百四十丈，改原大殿七间为五间，山门五间为三间。乾隆年间所建广宁行宫当也在此次修建之中。至此，形成了北镇庙的规模和布局。从历次维修和扩建的史实可知，北镇庙尽管历史很长，但庙内现存的所有建筑已都是清代的遗物了，当然其风格无疑会受到前期建筑的影响。清代在北镇庙内还曾建有万寿寺、观音堂、大仙堂等建筑。这些建筑和广宁行宫，以及主体建筑两侧神厨、神库、碑亭等均于1947年被拆毁。一个颇具规模的山神庙现只剩下主轴线上的主体建筑群（包括钟、鼓楼）。

北镇庙基址的选择绝非偶然，从它的地理环境看，这里确是一个非常理想的地方。因为，首先山神庙要近山，以体现山神与山岳的特殊关系；其次，神庙应邻近府城或县城，以便于祭祀活动，此外，神庙应具备良好的景观环境。北镇庙的基址完全体现了这些条件，它西距闾山主要景区大观音阁5公里，东距原“广宁府”（现北镇县）2公里，位于从府城去闾山的必经之地。如同岱庙位于泰山脚下的泰安旧城的北部那样，北镇庙也处于山和城之间。北镇庙四周环境很有特色，越过一片平缓的田野，其西侧和北侧是雄峻的闾山诸峰，庙前是广漠的平川，平川之上曾有河水流过，这里显然是一块理想的风水宝地。山神庙坐落在一个小山丘上，山虽不高，但起伏逶迤之态把庙宇衬托得极有气势。原辽代为奉侍景宗乾陵而设的乾州城，位于庙南面的平川上，其城北墙距山神庙约300米，位于山丘高处的北镇庙与乾州城的关系颇有雅典神庙与卫城之间所产生的神韵。据《辽史·圣宗纪》载，乾州始建于辽圣宗乾亨年间，城为土筑，南北长1500米，东西宽500米，金时荒废，现仅保留一段高1.20米，底宽3.10米的残迹。尽管没有找到乾州城建造的资料，但相信其城址的选定和北镇庙不无关系。

北镇庙的四周缭以墙垣，墙高约3米，青砖砌筑，顶部为灰瓦披檐，直脊，檐下为仿木构的砖雕椽头，墙面刷红色，下部为清水墙基。外观厚重、质朴而明快。遥看北镇庙，起伏巍峨的殿宇仿佛坐落在一个水平伸展的红色平台之上，那轩昂的气宇，显得十分和谐稳定而壮观。

主轴线上的建筑物沿着四阶不断升起的台地展开。石牌坊在主轴线的南端，位于第一阶台地上。这是一块近乎方形的台地，有一座五间六柱五楼式牌坊矗立在台地前端。石牌坊前后有两对表情独特的石狮。台地南端东西两侧设有礓礤慢道、垂带踏跺；北面即是神庙的山门。这个台地在荒野的大自然与神庙之间建立

图2-4 由山门拱券内望神马殿/对面页

位于白石高台的神马殿，在弧形景框的对比下更见平整舒展，说明两者在空间、尺度、距离的恰当的协调关系。

起一个突显的过渡空间。走上第一阶台地北端的石级，便是坐落在第二阶台地前沿的山门。山门为无梁殿，两侧连接延伸出围墙。山门的正面辟三券洞门，明间上方额“北镇庙”三个大字，是明书法家严嵩所书。穿过山门，即进入第一进院落，这里已高出牌坊所在的地坪4米有余。这进院落东西约65米，南北由南垣墙至神马殿前月台约45米，这是个东西狭长的院落。院落东西两侧原各有朝房五间，现已不存，北面是通往第三阶台地的三幅台阶。站在院中北望，只见以远处青青闾山为背景的神马门和高耸于墙垣之上的钟鼓楼引人入胜。穿过神马门便来到南北狭长的第二进院落，南北约130米，东西约70米。在从第一个院落进入此院落时，由于空间方向的突变，使此院落益显深远而幽邃。这里地面比第二阶台地高出约4.5米，在院落的中后部有一座高约4米的石砌台基，从南向北呈缓坡升起。高台的北端地面与第四阶台地齐平，共同形成了一个长约120米的石砌台基。北镇庙的主体建筑御香殿、大殿、更衣殿、内香殿、寝宫等五座殿堂一字排列在此台基之上，景象极为雄伟壮观。高台前碑碣林立，营造出神秘而肃穆的气氛。通过地势的不断提升，主轴线序列在此达到高潮。内香殿之后原有一方形小院，面积约1000平方米，这是主轴线上的第三进院落，位于第四阶台地上。山神的寝宫坐落在院的后部，小院封闭而幽静。小院西侧是一个小园，内有翠云屏（补天石）、览秀亭两景，是作为山神游玩休憩之地。小院的围墙现已不存。

从御香殿到寝宫这五大殿所在的工字形石

图2-5 第二进院落俯瞰

由钟楼俯瞰第二进院落前部。御香殿前密列的碑林、叠落的台基等为庄严的神庙建筑群增添了丰富的景致。

图2-6 高台上的御香殿/前页
北镇庙主体五大殿——御香殿、大殿、更衣殿、内香殿、寝宫坐落在一个工字形台基上。御香殿台基之前碑碣林立，景象壮观，增加了神殿的气势。

砌台基，突出了这组建筑的整体外观和它们的重要地位。这和北京明清紫禁城中工字形台基上的太和、中和、保和三大殿的做法很相似。中国宫殿的建筑布局按照功能需要，遵守前朝后寝的形制。北镇庙五大殿的布局显然也是按此制。

北镇庙内所有殿宇的屋顶形式不用重檐庑殿和黄琉璃瓦，与泰山岱庙相比，显然是降低了一级。其主轴线的各殿（包括山门）均用歇山屋顶，而且仅山门、大殿、寝宫铺以绿琉璃瓦，其余皆用黑灰色布瓦。虽然外观少灿烂辉煌，却与周围的自然环境十分和谐，在远山近树的环抱之中，那舒展有力的建筑轮廓线，和那在灰色背景中闪烁的绿色、白色和红色实体，交织成一组气度非凡的建筑乐章。

三、辽金遗韵犹存

图3-1 寝宫室内

寝宫是祭祀山神及山神娘娘的地方。由于该殿采用了“减柱”和“移柱”并用的手法，在神像之前营造出宽敞的空间，为较多人的祭拜活动提供了条件。

历史上北镇一直是部族纷争之地。自秦汉至隋，东胡人（鲜卑先人）、肃慎 （女真先人）及契丹人部落均与北镇接壤。盛唐时，北镇地区归属汉廷仅60余年，后又成为靺鞨人（女真先人）的渤海国领地。辽、金、元统治的500余年间，北镇地区处于大后方，故生活安定，文化兴隆。明朝时北镇地区再次成为边疆，虽然战事不断，但民间有马市贸易，民族文化亦相互渗透。17世纪初努尔哈赤攻取了明辽东地区，北镇又成为后金女真人的辖地。

由历史嬗变的轨迹可知，北镇在长时期间处于汉文化的边缘，及至辽、金、元、后金时，北镇处于当时的文化中心圈。尤其辽契丹人统治的300余年间，北镇与首都中京（今内蒙古赤峰宁城西大明城）仅一山之隔，作为近畿之地，建筑文化得到长足发展，是北镇地区建筑文化特征的形成期。这时的闾山不仅以神山的地位被祭祀，而且是京都近旁的风景佳地，备受皇族青睐。如皇太子耶律倍（人皇王）“性好读书，不喜射猎，购书数万卷，置医巫闾山绝顶，筑堂曰：望海”（《辽史·地理志》）。现在仍然遗有望海峰藏书楼址及其妃高美人行宫址。耶律倍终葬于山中，曰显陵。辽景宗亦葬于医巫闾山，曰乾陵，并于今北镇庙前置乾州，以奉乾陵。此后辽世宗及其后妃、平王、景宗二后及辽的末代皇帝天祚帝等十余人分别葬于乾陵或左右，并建有庙陵寝制。如此庞大的皇族墓群一定凝结着辽代建筑技艺的精华，可惜金人大破乾州后将“辽代陵寝影堂焚烧殆尽，进而发掘珠玉”，但从遗留至今的赫赫辽代遗构北镇崇兴寺双塔及义县奉国寺大殿中依然可以看出典型的辽代建筑技术及其风格特色。另外，在北镇庙前乾州城故址发现的两座辽代窑址附近，堆积有大量辽代沟纹砖、琉璃瓦、筒瓦、脊筒及吻兽等建筑饰件，其烧制火候高、质坚，扪之有声，且还于城中采到三彩器残片。这些发现可以证明北镇辽时建筑已相当发达了。

金、元时北镇地区的建筑发展状况不甚了了，但关于北镇庙却有一些文献可寻。据金《辽东行部志》云：“明昌元年（1190年）二月庚子，予昨晚以簿书少隙，携香楮酒茗，祭奠于广宁神祠。且讶：其栋宇庳漏，旁风上雨，无复有补。”可知金时北镇庙仍有一定规模，但年久失修。元时虽无北镇庙建筑规模的记载，但从北镇庙现存12方元碑中可知，对北镇庙的祭祀颇盛，因可推知元代时其建筑规模应相当可观。后金努尔哈赤定都沈阳后，大兴土木，北镇地区又处于其文化辐射圈内。在今北镇庙御香殿的斗栱做法中可以看到与沈阳故宫后金时造的早期建筑有许多姻戚关系。

明代于永乐年间文化中心始北迁。为建造北京宫殿将几十万江南工匠北迁，尤其以苏州帮为首，将明代建筑技艺植播于元大都之后的北京城。此时北镇虽处于汉文化边缘的边疆之地，但中原建筑文化对它有一定的影响；另一方面，辽金时期的建筑技艺仍被较多地沿袭下来。现在的北镇庙虽然是清代重建，但在平面布局、结构处理、屋顶造型及斗栱运用等方面，都与明、清官式做法不同，而保存了许多辽金时期的流风遗韵。

平面减柱法、移柱法是辽、金、元时盛行的做法，在明清的官式建筑中则很少见。北镇庙的殿宇则普遍采用了这种做法，除更衣殿进深仅一间未做减柱处理，其余殿堂均运用了减柱造和移柱造。如神马殿中本应设8根内柱，而只用了两根中柱，留出较大的空间用于置放神马和马童像。御香殿中则减掉了6根内柱，只剩两根后金柱，使殿的中部形成约100平方米的大空间，以置放神案及供品。正殿是祭山大典的场所，需要营造出供奉偶像与礼拜的空间，所以将明间两根前金柱减掉，后排两根金

图3-2 御香殿西侧外观

御香殿屋顶由于收山较大，从侧面看戗脊较长，山花部分显得较小，加强了脊线的向外伸展之势。加之位于高台之上，从台下仰视，益显其高耸、庄重之态。

柱北移，于是形成了回字形的环绕空间及宽大高敞的神域空间。寝宫减去了4根金柱并将其余的金柱向檐柱移近1.6米，构成比例适当的祭拜空间。内香殿面阔五间，进深三间，通进深仅7米余，若按常规设8根内柱会将空间划分得很破碎，所以将南北两排金柱的距离拉大，且又减去明间前两根金柱和次间外侧前檐柱，在殿内划分出约50平方米这样大的空间，满足了礼仪活动需要。虽然曾有一些建筑专家对辽金元时的减柱、移柱法颇有微词，但从北镇庙这样的实例分析可知，减柱与移柱是为了达到殿堂空间的主题意匠而进行的创造性方法。不仅如此，所有殿堂梁架都为彻上露明造，将梁架完全暴露，充分展示了柱网变化后的结构关系，表达出逻辑清晰的结构美。也许正因为辽、金、元时很少受法式约束，才进一步发挥出传统框架结构可以灵活处理的潜在优势吧。

北镇庙建筑的另一突出特点是采用了辽、金时期屋顶流行的收山做法。所谓“收山”是将歇山式屋顶的山花面从檐柱的中线向内收进，这样便缩短了脊线的长度，使屋顶看起来不致过于庞大笨重。所不同的是各朝代的收进尺寸有所不同。唐、辽、宋时收进尺寸较大，如唐南禅寺大殿山面收进约1.3米。而清代官式做法规定只收进一个檩径。北镇庙各殿的收幅均在1米以上，与辽代蓟县独乐寺观音阁收幅略同，远远大于清代规定的一个檩径的尺寸。收山后，正脊与垂脊缩短，戗脊加长。屋顶不似清代那么陡峻僵直，而且虽然不做柱子的侧脚与生起，因为屋檐有力地向外伸出，所以造型更显得舒展潇洒和有力。

辽、金时期建筑又以有华丽的米字形栱及斜栱而著名。这些特色在北镇庙中仍有许多表现。庙中首屈一指的是寝宫的斗栱，出跳最多，三跳七踩出翘并计心，并且角科斗栱在坐斗45°方向出斜栱，形成华丽的外观。其做法与今存辽代建筑义县奉国寺、山西大同善化寺及华严寺薄伽教藏殿的斗栱做法相同。另外，清代官式建筑中两柱之间的平身科斗栱多至八攒，额枋负担增加，因此形成额枋尺寸大于平板枋。而北镇庙寝宫的平身科斗栱由中心的四攒向两边依次递减为二攒、一攒，斗栱分布疏朗有致，平板枋与额枋结合呈丁字形断面，仍然保持着辽金的遗风。北镇庙殿堂檐柱与额枋间不施雀替，亦为辽代建筑特征之一。

四、神庙的守卫者

北镇庙山门前有巨大的石牌坊，并布置了四个石狮，作为神庙的守卫者。山门亦称仪门，始建于明弘治七年（1494年），当时仪门为五间，其前方有木牌坊一座。光绪十八年（1892年）仪门由原五间改为三间，始成今貌，它是庙中唯一砖结构的无梁殿建筑。外观封闭敦实。山门月台的东、西、南三面各有一幅台阶，原来都设有白石栏杆，现仅东面保存下来。牌坊于清雍正元年（1723年）改建时改用灰色砂岩雕造，为六柱五楼庑殿顶，高9.7米，宽14米余。牌坊的各种构件均模仿木构形制，但极少装饰，仅在额枋上透雕祥云图案以及一些凸凹变化的线脚。五跨牌坊，其宽度由中心间向两边依次递减，楼盖亦由中央向两边依次跌落，石柱下方有抱鼓石夹持支撑，整体造型舒朗大方，轮廓简洁。1973年3月石牌坊毁于龙卷风，仅残存东端一跨。1992年修复时按照原样，并利用了残存的旧构件，现在看到的色泽暗黄的部分构件即为清代原物。

图4-1 南观石坊景观

石牌坊为五间五楼庑殿式，其开间从中心间始依次减小，石坊的尺度和比例均十分适宜，造型朴素而庄重。该石坊于1973年毁于龙卷风，仅存东梢间，后按原样恢复并保留了东梢间。

图4-2 石坊侧景

由东侧可观石坊抱鼓石细部。牌坊是靠石料的自重来维持结构体系的平衡。图中可见脊兽颜色不同，修复后的石坊保留了原有的脊兽。

牌坊前后各置有一对石狮，这种处理极为特殊。一般说来建筑群前都只设一对石狮，以其凶猛威严的气势来强调建筑的重要性及象征守卫和震慑。但在长期的发展中，狮的造型逐渐艺术化而更接近于人性。北镇庙置四只石狮的做法或许与其祭祀性质有关。这四只石狮作喜、怒、哀、乐状，是用来象征四季变化的，这也许是通过石狮的表情来折射出人对季节感受的情绪变化吧。

图4-3 喜狮/上图
喜狮位于石坊前东南角。呈抿嘴嬉笑之表情。它是四只石狮之中，表情变化最为平和的一个，表达出一种轻松自如之态。

图4-4 怒狮/下图
怒狮位于石坊前西南角，双腿直立于须弥座上，头部扭向东面，与喜狮相对。石狮的面部表情呈愤怒状。

图4-5 哀狮/左图

哀狮位于石坊后西北角。坐于须弥座上。石狮造型粗犷。以概括手法刻画出石狮的体态。面部起伏、转折较多，表达出一种哀伤之情。

图4-6 乐狮/右图

乐狮位于石坊后东北角。半卧于须弥座上，头朝南，呈大笑状。其雕刻手法与哀狮同，为同期雕造。

喜、怒二狮分别列于石牌坊前东西两侧，哀、乐二狮分列于牌坊后东西两侧，石狮下都设须弥座。喜狮为雌性，前腿直立，身向南，头则偏向西南，面部呈翘嘴微笑状。怒狮为雄性，头向东与喜狮相对，眉头凝聚，怒目圆睁，鼻梁扭曲，鼻翼扩张，呈张口伸舌状。喜怒两狮均为灰色花岗岩雕造。狮子的头部几乎是直接安在肩膀上，后背又作罗锅状拱起，所以两狮的体态圆浑十分可爱，其鬃毛、饰带只作浅雕，如同飘浮在狮身上。石狮的鬃毛线型卷曲，如行云流水最具特色。

哀狮在牌坊的西北侧，为雌性，头向东面，微垂，上牙微露咬住下唇，呈哀伤无奈状。乐狮在牌坊东北侧，为雄性，面朝正南，呈大笑态。这两头石狮均由紫色砂岩雕刻。两狮颈部很长，五官四肢都简化成起伏的体块，再做纹式雕刻，因此与前两狮相比更富有力度的节奏感。哀、乐两狮的鬃毛雕饰也与前两狮不同，是完全勾卷着披在头上、背上。这两对石狮表情独特、雕刻风格洗练，在清代石狮遗物中可称是精品。现在北镇民间雕刻的石狮仍多以此四狮为模本。

五、神马殿与钟鼓楼

图5-1 东望神马殿及钟鼓楼全景
神马殿与钟鼓楼一同构成了第一进院落的风景线。它们均处于高高的白石月台上。神马殿的平整舒展与钟鼓楼的高峻轻盈形成有趣的起伏对比。

图5-2 石级与钟楼/对面页
神马殿前月台有白石栏杆，于中央及东、西便门处设宽大的台阶。此图为东向台阶，通向东便门，由此可入第二进院落。围墙之后为钟楼。

由山门中央的拱门望入，远处的神马殿恰好落在门券当中，远远望去白石台阶、红色门扉、灰色屋顶的神马殿给人鲜明稳定之感。

神马殿又称神马门，位于第一进院内的高台之上，是北镇庙的第二座门殿，因供奉山神的御马而得名。殿始建于明永乐十九年（1421年），光绪十八年（1892年）重修，面阔五间，进深三间、单檐歇山顶。露明的梁架上施有青绿色的旋子彩画。殿内御马像已不存，现立有元代汉、蒙文的高大石碑一方。

在神马殿的高台之下，院子的东西两侧原有配殿五间，早已毁圮。如今在宽敞的院子中能清晰地看到神马殿及其两侧高出围墙的钟鼓楼。居于中央的神马殿在倚立东西的钟鼓楼衬托下，很有气势，它们构成的起伏跌宕的天际线，造成一种非凡的气度。之所以产生这种艺术效果，以建筑家的眼光看，原因不外两点：一是对钟鼓楼位置内外兼顾的安排，一是对地

图5-3 从钟楼平座上望鼓楼
钟楼与鼓楼分别位于第二进院落的东南角和西南角，形制相同，均为歇山重檐楼阁式建筑，山面朝南。钟鼓楼是北镇庙中最高的建筑。

势的巧妙利用。寺庙中的钟鼓楼一般都置于院子中部的东西两侧，而北镇庙的钟鼓楼位置却在院子南墙的东西两角上，所以一进入前院就可以看到如同角楼一般高耸的钟鼓楼了。它们与神马殿共同构成了第一进院落起伏变化的景观，同山门的封闭厚重外形成了鲜明的对比。中国古典建筑的群体布局虽然总是院落组合，几千年未变，而实际上在这貌似一成不变的安排中，却有着许多微妙的变化，这里便是一个很好的例证。神马殿比山门地坪高出4米余。殿前有宽6米、长73米的白色花岗岩月台。月台中央及东西两侧均有台阶并围以白石栏杆。栏杆柱头为莲形，望柱为六面棱形，栏板上仅镌有少许如意纹的雕刻，手法凝练简洁。台基与栏杆强化了神马殿与山门间地势的高差，是其产生不凡气度的又一原因。

图5-4 鼓楼及闾山远景
登钟楼西望鼓楼，可见鼓楼在黛青色的闾山远景的衬托下显得飘然欲飞，有一种仙山楼阁的意境。

钟鼓楼历来是宗教和祭祀性建筑独有的设置。世界上三大宗教——基督教、伊斯兰教、佛教的寺院中也都设有钟楼或钟、鼓楼，所谓晨钟暮鼓，中西皆然。其目的是召唤信徒，以清音除尘心杂念及起到报时的作用。中国的佛教寺院中至晚唐时设置钟楼已成定制，明清时普遍采取并列钟鼓楼之制。如今无论在佛寺还是镇山庙、海神庙等祭祀建筑中，都能看到位于轴线东西两侧、形制相同的钟鼓楼建筑。

北镇庙的钟鼓楼始建于明弘治七年（1494年），明万历、清康熙及光绪年间曾重修。现在钟楼的二层屋梁上悬挂的大铁钟为清光绪十六年（1890年）铸，钟面铭文为“风调雨顺，国泰民安”，“声垂千古，夜震八方，累代咸灵”。其中，值得玩味的是“夜”字。“夜”属阴，在方位上代表北方，因此“夜震八方”表明北镇庙是镇守着北方的广阔疆土。鼓楼上的旧鼓已不存。

钟鼓楼的平面为方形，面阔、进深均为三间。底层较封闭，二层开敞，高约11米。屋顶为歇山式，山面朝南。楼的造型挺拔秀丽，这种美感来自巧妙的结构处理，是将上层檐柱与底层檐柱中心线错开，向内收进了50厘米余，形成了上小下大的体形，另外，歇山顶也作了收山处理，加强了向上的透视感，因此显得清秀挺拔。

钟鼓楼又是神庙中的制高点。登上钟鼓楼俯瞰庙内外，那不同体形、大小的殿宇层叠升起，红色、绿色、白色、灰色交相辉映，白石高台如同浪花一样将群殿托起，展现出一种磅礴宏伟的气势。

图5-5 御香殿月台上回望神马门

回望中的神马门（殿）立于平地低矮的台基上，左右两端耸立着钟、鼓楼。平地中的殿与楼，和前院仰视中的风姿大相径庭，已不见昂扬的威势，显得平整舒缓，反衬着御香殿高贵的地位。

六、降香与祭祀的地方

穿过神马殿便进入北镇庙的主院，空间豁然开朗。视线的中心便落在高台之上的御香殿，这里是存放降香诏书和祭祀用品的地方。举行祭典仪式时的准备工作也在这里进行，所以御香殿布置在高台上五座殿宇的最前列。

御香殿是永乐十九年（1421年）第一次扩建时增加的，光绪十八年重修。该殿面阔五间，进深三间，单檐歇山顶，檐下有密排的三踩单昂斗栱。御香殿的尺度不大，但因位于两层月台之上，仰视格外舒展有力。这便是宏大的台基与屋顶收山处理所产生的艺术效果。高台围以栏杆，原有望柱栏板与神马殿前月台相同，多已毁坏，今又重新制作，其中色泽古旧的为原物。

图6-1 由御道北望御香殿

五间单檐歇山顶的御香殿是第二进院落的主殿，处于叠落两层的白石高台上。灰瓦顶、红墙、白石阶构成了明快的色彩对比。月台之上密布的碑林又为院落融入了强烈的历史气息。

图6-2 大殿外观

正殿重修于清光绪十八年（1892年），面阔五间单檐绿琉璃瓦歇山屋顶。大殿山面有收山处理。出檐最远达3.5米，角梁受力较大，今以细木柱在四角做临时保护性支撑。

图6–3 大殿檐椽仰视
由大殿前檐转角处仰视檐椽及飞椽，可见屋角之出翘为翼角斜椽做法，较之平行椽做法显得华丽。红漆木柱为临时加固支撑。

图6–4 山神塑像/对面页
山神塑像供奉于大殿正中的神龛内，山神金面衮袍 冕冠九旒手执玉圭。龛上原悬挂清乾隆皇帝御笔“乾始坤枢”匾，今已无存。

御香殿前月台的东、西还设有焚香炉和日晷，这都是祭祀时必需用品。石造焚香炉，炉顶为歇山式，下为须弥座，精致小巧。院子里最让人吃惊的是那些排列森然的石碑。在院子中部，轴线东西两侧是四座碑亭遗址。四方石碑自东而西依次为康熙五十寿辰的“万寿碑”；康熙四十七年的“北镇庙御制碑”；雍正五年满、汉文的“御制碑”及乾隆十九年御制“祭北镇医巫闾山敬谒”碑。石碑均立于雕刻精细、尺寸巨大的赑屃之上。在御香殿前跌落两级的月台上和地面上立有14方石碑。这些石碑是清朝皇帝祭山、游山时所立的，上面镌刻着皇帝们即兴写的游山诗。那一尊尊神态古拙的赑屃身上满是饱经风霜的锈色斑痕，把碑

图6-5 文、武神像
山神前左右各列文神、武神像。为置此神像，营造出适当的神域空间，大殿减去了明间的两根前金柱。说明减柱与室内空间布置的密切关系。

刻衬托得更加古拙雅致。这些碑刻都是研究中国历史和书法艺术的重要资料。

现在在御香殿内陈列着北镇庙的全景模型，四壁展示着北镇庙及北镇县的历史资料图片。原来储存降香诏书的地方，如今已成为北镇庙史展览馆了。

距御香殿北不足20米处就是北镇庙中规模最大的殿堂——正殿，亦称大殿，是历代君王及特遣官员祭祀医巫闾山神时举行盛典的场所。大殿与御香殿同样，都是明永乐十九年（1421年）第一次扩建时增建的，此时不仅祭祀规模变大，祭典仪式也趋于完备了。此殿于清光绪十八年（1892年）重修。

a

b

图6-6 大殿壁画

正殿内，东、西、北墙面上绘有文臣武将画像三十二人。这些人物原是汉代至明代各朝著名的文臣武将，不知何时全变为明代的人物了。壁画以蓝、绿、赭三色为主，再以墨线勾勒线条。壁画线条流畅，但有程式化手法。据此殿重建年代（清光绪十八年）推测，现殿内壁画应为1892年或之后所绘。

图6–7 大殿梁架彩画/上图

大殿室内为彻上露明造。梁架及柱端施以旋子彩画，既保护了梁架，又渲染了大殿内的华丽庄严的气氛。

图6–8 更衣殿梁架彩画/下图

更衣殿仅一间进深，室内空间狭长，近似于一个过厅。尺度亲切宜人，为抬梁式结构，彻上露明造。梁架上遍施旋子彩画。

大殿面阔五间，进深四间，规模居全庙之首。屋顶为歇山式、单檐，满铺绿琉璃瓦，在一片灰色的屋顶群中分外地耀眼，倍显尊贵。歇山屋顶依然采用收山处理；屋檐挑出达3米多，外观十分庄重。加之彩画的点缀，光彩照人。

大殿室内中央设有砖砌须弥座神台，上置神龛，神龛里供奉山神像。原来神像已毁，这是近年新塑的。龛上原来悬有乾隆皇帝书铜质蓝地金字横匾“乾始坤枢”，今亦不存。四尊文武神像分立于神台前，文者儒雅，武者威猛。殿内东西两侧各立元代御祭碑三方。殿中最令人大开眼界的是东、西、北三面墙上彩绘的三十二尊人物像。人物像下是高1米许的须弥座台明，上立供奉人物的牌位。这些画像原是自汉代至明代各朝著名的文臣武将。不知何时全部改为明代的大臣了，如刘伯温、徐达、李文忠等人物都在其中。壁画不施底色，使色彩更为突出。人物均为立像，造型饱满，以蓝、绿、赭色调为主。墨线勾勒轮廓，再以色块叠加退晕法上色，虽不似元代壁画线条那么流畅，倒也清雅可人。殿内高敞的梁架上遍施青绿色的旋子彩画，当年梁架彩饰之精工细做依然可见。蓝绿色的彩画与壁画极为和谐，将殿堂装饰得肃穆而华丽。

图6-9 御香殿月台上的日晷及焚香炉
月台的东、西两侧分设焚香炉和日晷。原有的日晷现已不存，现仅留须弥座。石焚香炉是祭祀山神时的焚香之处。香炉比例适当，造型精美。

在大殿后面12余米处便是精巧的更衣殿。此殿面阔三间，进深仅一间，单檐歇山顶。外观极朴素，里面的梁架上却施有靓丽的彩画。这个殿的增设是为了在祭典之后作更衣、休息之用。而且小殿使高台上的建筑物在体量、形式和空间上都增加了对比和变化，在功能上也是“前朝”与“后寝”之间的过渡。

大殿西侧有元皇庆二年所立的石碑，上面刻有“御香碑记”，详述了朝廷派奉仪大夫古儿赤在此献礼朝拜的盛事。大殿东侧有元延祐四年所立的“代祀北镇之记”碑。碑文雕刻精细，字体工整，记述了北镇庙祀神名位的封迁演变和历代的祭祀盛典。殿中另外四方元代石

图6-10 月台栏杆

工字形台基周围整齐排列的白石栏杆，有井然的韵律之美。栏杆外形简单，望柱上莲花及栏板上如意纹雕刻手法质朴无华，不同于清末华丽细腻的雕刻风格，具有地方特色。

碑亦分别为不同时期的“御香碑记”。

清朝沿袭明制，在登极、亲政或寿辰时，都委派大臣到北镇庙祭告行礼。另外，清朝历代皇帝东巡都要亲临祭祀，因此比起其他镇山庙来，清代的北镇庙更为重要。在北镇庙行礼时，皇帝要乘舆进庙中门，再换亮轿由东边门上石阶，至御香殿东山墙南下舆，步入御香殿宣诏焚香，然后进大殿行大礼。随驾王公、二品以上大臣及地方官员斋戒一日，穿蟒袍补服陪祀；不行斋戒的官员于行宫两旁跪迎跪送（斋戒礼于嘉庆二十三年废除）。每逢祭日声势浩大队伍威震遐迩。

今天，北镇庙虽然失去了往日的辉煌，却以民间庙会和香雪节远近驰名。闾山4月梨花烂漫风景如画，仍吸引着络绎不绝的人们到此一游。

七、后殿寝宫

在工字形台阶的后部是内香殿和寝宫（又称寝殿、后殿）。从内香殿两侧山墙接出的宫墙围合成边长约34米的方形小院，寝宫位于小院的北部。内香殿是存放寝宫祭祀所用的祭品香火的地方。寝宫内供奉山神和山神娘娘，是两位神祇休息的地方。两殿均始建于明洪武二十三年（1390年），后曾多次重修。

寝宫位于山丘的最高位置，处于第四阶台地的轴线上。这是利用天然岩石整平，和前四殿所在的人造高台共同形成的一个工字形的大台基。这南北长约 120米的高台，前后高差约1.8米，从南到北有微小的升起，但人行其上却感觉不到升起变化。内香殿殿址一半坐落在人工修造的高台上，一半坐落在人工整平的台基上。这特殊的位置，意指特殊功能空间的开始，如果说前三殿是“前朝”部分，从这里起就是“后寝”部分了。

图7-1 内香殿外观
内香殿位于寝宫之前，是存放祭祀用品处。

图7-2 寝宫屋面琉璃做法

寝宫戗脊设一仙人、五个走兽，黄绿琉璃制成。走兽分别为龙、凤、狮子、海马、天马。屋面覆以绿色琉璃筒瓦，正脊吻兽、戗兽、垂兽为清式做法。吻兽剑把为斜插，为清式少见。

内香殿南距更衣殿约11米，北距寝宫约18米。来此祭祀的官员可从南至北绕过更衣殿来到这里，也可通过内香殿与更衣殿之间的两侧台阶直接到内香殿前。

内香殿比更衣殿规模稍大，是高台上两座小殿之一，因减掉两根前檐柱，故外观只有三开间。殿顶为单檐歇山，灰色布瓦，戗脊不设仙人走兽。檐下无斗栱，只将梁头伸出，承托挑檐檩。梁头为麻叶头状，两侧浅雕云形图案。墙面不设腰线石，檐墙和山墙下部以及窗下槛墙为对缝青砖，其余墙面涂红。门、窗棂条为菱格形图案，施暗红色髹漆。整体外观比例和谐，色调雅丽，朴素大方。

穿过内香殿，北面即寝宫。寝宫面阔五间约21米余，从地坪到正脊高约11米，由于前有更衣、内香两殿的对比，寝宫显得大而高耸。屋顶为单檐歇山，满铺绿琉璃瓦，戗脊前端设仙人及龙、凤、狮子、海马、天马五走兽（后两兽次序颠倒，可能是施工有误）檐下设七踩三翘斗栱。两柱间平板枋上平身科斗栱在明间设四攒、次间设两攒、尽间设一攒。转角处的角科斗栱三间悬挑、不设昂。正立面屋檐下、

图7-3 寝宫角科斗栱/对面页
寝宫角科为七踩三翘计心造三向挑出斗栱，撑头木前为麻叶头，不设昂，显得质朴有力，这是山神庙诸殿中最为复杂的斗栱。

后殿寝宫

图7-4 寝宫外观/前页
寝宫覆绿色琉璃顶，檐下设七踩品字斗栱，平身科斗栱在明间设四攒，次间二攒，尽间一攒。斗栱的繁复程度显示出寝宫在神庙中的特殊地位。

柱头科、角科、平身科斗栱一共十六攒，形成繁密、华丽的装饰带，这和建筑总的质朴风格形成对比，使寝宫显得生动起来。斗栱额枋、栱垫板上的彩画只残留少许青绿颜色，已看不清原来的图案构成了。清代斗栱的结构作用已大为削弱，而装饰作用和建筑等级的标志作用更为重要，寝宫的斗栱设置，显示其地位的优越。

进入寝宫，首先映入眼帘的是端坐在神龛之内的山神及山神娘娘神像。山神头戴褐色的官帽，身披带有蓝色碎云的红袍，三绺短须，弯眉凤眼，两目炯炯，脸色微红，这和大殿内金面衮袍，冕冠九旒，手执玉圭的威严的山神已大不一样了。这里，山神似改作便妆，带有家居的轻松神态。山神娘娘头戴深蓝色帽子，身着带有蓝花的白袍，两长袖罩着胸前的双手，秀目点唇，端庄慈祥。两位神祇背后是一幅龙凤呈祥水墨画，两侧是两位童子，童子双手前伸，上身前倾，作服侍状，颇为生动。康熙四十二年六月，内阁侍读学士喇都浑代祭山神时，将皇帝敬献“郁葱佳气”横匾悬挂于神座上方。匾额为木制，金字蓝地，四周雕有花纹。历代曾多次修饰神像，我们现在见到的是1989年再塑金身。横匾现已失落，令人惋惜。神座位于明间北部，紧贴后檐墙，高1米余，由青砖砌成简约的须弥座，不设枭混线，没有多余的装饰。朴素的神座将神像衬托得更为生动。

图7–5 寝宫神像

寝宫内供奉的泥塑山神和山神娘娘塑像，置于神龛之内，神龛上方原悬挂康熙皇帝敬献亲书“郁葱佳气”横匾，现已无存。

室内梁架为彻上露明造，尽显结构之美。梁架遍施彩绘，采用青绿旋子彩画，枋心部分或绘二龙戏珠或绘锦花。梁枋两端箍头部分多用几何图案，也间或用苏式彩画中的题材，如莲花。这些彩绘既保护了梁架又渲染了寝宫的富丽、轻松的气氛，以适合建筑空间作为居寝的主题。

八、怪石与奇松

图8-1 翠云屏
从山神庙西北角望“补天石”，远处是更衣殿和大殿。传说这块山岩是女娲娘娘炼石补天时掉下来的。乾隆皇帝封此石为大观音阁八景之一——翠云屏。

庙内西北角有一块巨石，长8.5米，宽4米，高3米，兀然独立，犹如陨石落下时其两端半埋于地下，形成了一个南北贯通的洞。民间传说此石为女娲补天时陨落于此，故称“补天石”。传说炼“五色石以补苍天，断鳌足以立四极，杀黑龙以济冀州，积芦灰以止淫水”的女娲娘娘，是一位救世英雄，因此这块巨石给神庙增添了少许神秘的色彩。明代辽东巡抚张学颜题刻“补天石”三字于石上，使此石更具灵性。一些文人墨客挥毫作诗称赞此石，引人遐思。清代户部右侍郎赵秉冲题咏补天石曰：“为想娲皇炼石年，九捷炉火碧于制。无端一片移东海，可怪人间有漏天。”清代桐城进士徐如澍有诗赞道：“洪蒙留此石，屹立重幽方。变幻云为族，精英初作芒。四山皆欲俯，一石独能当。谁与嘉名锡，摩挲问上苍。”洪蒙巨石留下的疑问，也确只能询问苍天了。

图8-2 远望翠云屏

从工字形台基上远望医巫闾山，翠云屏恰在视线上，增加了景观层次，乾隆有诗曰："西峰翠色罨眉尖，恰似屏风展映帘。"

補天

图8-3 南望翠云屏/前页
明代辽东巡抚张学颜题刻“补天石”三字于石上，增加了此石的神秘色彩。石下有洞，南北相通，又称“窟窿山”、“偻佝山”。据说，从洞中爬过，腰可不疼。

远望补天石状如屏风，乾隆帝封之为大观音阁八景之一，名曰“翠云屏”。大观音阁位于闾山山腰，距山神庙5公里，把此石列为闾山一景，在心理上缩短了闾山和北镇庙的距离，强调了山与庙之间的紧密关系。从神庙五大殿所在高台上遥望闾山西峰，该石恰在视线上，增加了景观的层次。西山犹如一个美女，怀抱琵琶半遮面，难怪乾隆有诗曰：“西峰翠色罨眉尖，恰似屏风展映帘。”

补天石的石洞，人可以爬过，故此石又称“窟窿山”、“偻佝山”。据说，从洞中爬过，腰可不疼，因此来此镇庙的游客大多一试，以求健康。石岩南侧壁上嵌有历代名人刻石，可惜这些石刻多被人为损坏，现留下一块块无字凹龛，也留下了永远的遗憾。岩前西侧立有康熙二十一年（1682年）《屹镇幽方》碑一方。

“镇庙奇松”是庙内另一自然景观。原来在神马殿西侧有一棵千年古松，高10米，径1米，盘根错节，根深叶茂，形如伞盖，有风吹拂、涛声如林，故人们称之为镇庙奇松。康熙年间有人赞此松曰：“屈盖盘根不圮（pǐ）年，虬龙偃仰势参天。微风韵落山空里，劲节神听古庙前。禾黍已高城堞废，麒麟未改墓原迁。经过往年无穷事，谁与松筠可比肩。”可惜松已无存。

九、广宁行宫遗迹

因清代皇帝常来东北祭祖巡视，故于北京与沈阳之间的北镇庙修建了广宁行宫，也是皇帝躬祀北镇庙的驻跸之所。这组建筑建于乾隆年间，毁于1947年春。

行宫始建的确切年代不详，据《嘉庆东巡纪事》记载：1754年乾隆皇帝第二次东巡时到北镇庙拜祭。其不斋戒之官员，"于行宫两旁跪迎"。由此可证，行宫最迟建成于1754年。据史料记载，乾隆十九年（1754年），乾隆四十八年 （1783年），嘉庆二十三年（1818年）及道光九年（1829年）都曾驻跸于行宫。

广宁行宫位于神庙之东，与主体建筑群仅一墙之隔，南北长180米，东西宽80米。行宫这组建筑依山势层层高起，形成一条很有特色的副轴线。在这条轴线上，影壁、正门、二门、仰止堂、含碧斋、寝宫从南到北依次排列，附属建筑则分布于轴线两侧。

a

b

图9-1a,b 行宫遗址

这是乾隆年间修造的广宁行宫遗址，共有三进院落。行宫是清代皇帝躬祀北镇庙，去东北巡查、祭祖时驻跸之所。主体建筑为含碧斋、仰止堂、寝殿，虽已无存，但条石基础，白色花岗石柱础还清晰可见。

行宫共有建筑八十一间。“八十一”为九九之积，天数中之最大者，以象征皇帝至高无上。“九”、“久”又为谐音，含有希冀江山永固不衰之意。

宫门前有影壁，相距有40米，之间布置朝房。宫门为硬山卷棚屋顶，进深、面阔均三间。穿过宫门，迎面是富有特色的二门，为勾连搭式垂花门，两门之间是狭长的庭院。

二门之后是行宫的主体院落，共三进。第一进院落的正殿含碧斋面阔九间，进深三间，硬山卷棚屋顶。这里是皇帝接见王公大臣的地方。嘉庆在东巡时，曾作诗题《含碧斋》：“庙左建斋室，解鞍一宿停。洁清展庭院，淳朴守仪型。”第二进院落的主体建筑仰止堂面阔五间，进深四间，是皇帝处理日常政务的场所。主体建筑中只有仰止堂是卷棚歇山屋顶，该殿是行宫中等级最高的建筑。第三进院落的主体建筑是寝宫，面阔七间，进深三间，硬山卷棚屋顶。冬季在殿内搭砌青砖火地取暖。这三进院落有廊子连接为一个整体。

图9-2 棋盘山/对面页
位于行宫北部御花园之东北角，高约3米，沿19级台阶可登巨石之上。岩上有一方亭，亭内有副石刻棋盘，传说乾隆皇帝曾在此与仙人相遇下棋，故此山称为“仙人岩”，也称“棋盘山”。

寝宫后宫墙中部辟一角门，由此可通后院御花园。该园占地2340平方米，是皇帝娱乐消遣之所。园的东北角尚存一巨石，高约3米，石上有座方亭，亭内有副石刻棋盘，故该巨石名“棋盘山”。传说乾隆皇帝曾在此与仙人下棋，此石也称“仙人岩”。登此石可望巍巍闾山，借此把闾山和行宫联系起来，并把园外美景借入园中。棋盘山下曾有座四角亭，称“会仙亭”，如今也只存遗迹。

行宫的总体布局同主轴线上的建筑群一样，因袭了中国宫殿“三朝五门”、“前朝后寝”的形制。这里虽是皇帝驻跸之所，但按神庙总体构思，作了谦让的处理：行宫轴线南端的影壁比神庙石牌坊向北退后，表现出一种退让恭逊的态势；行宫内房间都比较低矮，几乎同民居四合院形式无异，这与坐落在高台上五大殿建筑的形式、尺度、气势相比，形成强烈的对照。行宫建筑都采用的是小式卷棚做法，青砖大漆，不雕不绘，与神庙各殿相比建筑等级要低很多。通过这样的处理，突出了山神庙主体建筑群的地位，表示对山神的尊重。

十、无言的述说

图10-1 山神庙碑林/前页
山神庙内现保存有元、明、清三代石碑56方，分布于庙内八处，形成极有特色的碑林。它们渲染着神庙的气氛述说着神庙的历史，成为北镇庙不可分割的一部分。

图10-2 《圣诏之碑》
此碑立于元大德二年二月。为汉白玉石质碑。碑首为半圆形，雕蟠龙，碑额天宫内阴刻楷书“圣诏之碑”四字。碑文雕刻精细，字体遒劲。该碑为研究元代封山祭典制度及活动提供了可靠的实物资料。

图10-3 《广宁道中作》碑/对面页
这是一座赑屃鳌坐碑，由碑首、碑身、碑座三个部分组成。碑文为乾隆皇帝亲赋七言诗一首，字体流畅，雕刻精细。该碑的蟠龙及龟趺颇为生动。

北镇庙内现存元、明、清三代石碑56方，其中，元代大德、皇庆、延祐、至顺、至正等年间祭山、封山碑12方，明代永乐、成化、弘治、正德、隆庆和万历年间祭山、修庙碑16方；清康熙、雍正、乾隆、道光及光绪年间祭山、修庙、游山28方。这些碑分别立于碑亭旧址、大殿及御香殿前月台上、工字形台基两侧广场，以及神马殿、大殿之内。这些碑碣组成一个富有特色的碑林，是山神庙不可分割的一部分。

这些石碑的形式分为二种。一种是赑屃（bì xì）鳌坐碑，另一种是笏（hù）头碑。赑屃鳌坐碑由碑首、碑身和碑座三部分组成。

碑首正面和背面的中下部是篆额天宫，供刻写碑名之用。天宫四周饰以龙雕，根据碑的厚薄，碑首的盘龙分为四条或六条。最典型的是盘龙的头部均在碑的侧面，龙头朝下，龙身向上拱起，碑首的正、背面是左右两条龙身和龙足交叉组成的图案，包围着篆额天宫。但也有个别碑的龙头作变体处理，如有一块元代碑，碑首左右各三条盘龙，只有一条龙的龙头在侧面，其他龙头在碑首的正面和背面，龙头分列左右呈对峙状，张嘴咬着中间的篆额天宫。碑身是刻写碑文的地方，这里碑碣的碑身大都平整光洁，很少雕饰。碑身下以龟为座。海中的大龟称作鳌，传说女娲氏曾断鳌足以立地之四极，可见其力大无比，所以宋《营造法式》中将碑座称为“鳌坐”。龟之成为碑座还有一

图10-4 蟠龙碑首

赑屃鳌坐碑的碑首由蟠龙围绕着碑额天宫组成。最为典型碑首的龙头均在碑的侧面，龙头朝下，龙身向上拱起，碑首正面是由左右两条龙身和龙足交叉组成的图案，包围着中间的篆额天宫。碑首蟠龙的数量根据碑的厚薄设置，碑薄的设四条，碑特厚的可设八条，一般设六条为多。

图10-5 《辽东都司》碑/左图

这是一方花岗岩雕就的赑屃鳌坐碑。立于明洪熙元年（1425年）。碑文记载了明永乐十九年（1421年）三月，明成祖朱棣敕辽东都司修建北镇庙的敕文。此碑全高为4.96米，碑身宽1.45米，碑身厚0.45米。碑首蟠龙雕刻生动，碑身没有多余的雕饰，碑座赑屃刚健有力。

图10-6 《辽东都司》碑细部/右图

《辽东都司》碑的碑首、碑身为一整体，浑然天成。碑首为半圆形，正面由两条龙的龙身和龙足组成生动的图案，碑首正中下部是方形的碑额天宫，其上阳刻楷书“敕”字。碑身正面是阳刻碑文，字体端正工整，雕刻精美。

图10-7 《万寿碑》细部

《万寿碑》建于康熙五十年（1711年）三月，是清廷为纪念康熙皇帝五十七岁大寿及登基在位五十周年而立。碑用沉积砂岩刻制，碑首蟠龙装饰味较强，并采用透雕手法。碑额天宫内，阴刻篆书"万寿碑"三字。碑正面阳刻"皇帝万寿无疆"，但"万寿"两字剥蚀严重。碑身四周是游龙戏珠浮雕图案，形象生动，这是该碑特点之一。《万寿碑》现立于神马殿后东侧。

图10-8 《万寿碑》碑身侧面

该碑首侧面由两条头朝下的龙构成，龙身向上拱起。龙头的面部较短，雕刻精细，龙头突出碑身侧面，表明该碑碑首宽于碑身。

种传说：龙生九子，其一子名“赑屃”，能负重又喜扬名，常驮着三山五岳在江海中兴风作浪。大禹收服了它，命它推山挖洞，疏通河道。禹治水成功，便让它驮了一块大石头，在石上刻写治水的功劳。它很得意，永远昂首托着这块记功碑，从此赑屃就成为碑的基座了。笏头碑制作比较简单，这是一种没有碑首只有碑座的石碑。

北镇庙内的元代碑中笏头碑较多，而明、清两代的碑大都为赑屃鳌坐碑。从碑的石质看，碑首及碑身大都为暗紫色、青色和黄色的沉积砂岩，少数为汉白玉，碑座基本是花岗石。

庙内石碑可分为封山碑、祭山碑、修庙碑、游山诗记碑四大类。这些碑有较高的历史研究价值，它们记载着重要的史料。如大德二年（1298年）元成宗诏封全国五大镇山封号之《圣诏之碑》记有这样的史实：“三代以降，九州皆有镇山，所以阜民生安地德也。五岳四渎，先朝以尝加封，维五镇之祀未举，殆非敬恭明神之义。其加：东镇沂山为元德东安王，南镇会稽山为昭德顺应王，西镇吴山为成德永靖王，北镇医巫闾山为贞德广宁王，中镇霍山

图10-9 某碑首侧面/对面页

这是北镇庙某碑首的侧面。该碑雕刻生动、富于变化，两个向下的龙头面部较长，龙角突出，龙身向上拱起两次到达碑首上部。碑表面散布着赭黄色苔痕，显现出该碑久远的历史。

为崇德灵应王。仍敕有司岁时与岳渎同祀，著为定式，故兹诏示。”该碑为考证元代封山、祭典制度及活动提供了可靠的实物资料。明成化十九年（1483年）之《重修北镇庙记》碑，记述了当时重修与扩建北镇庙的具体情况；明弘治八年（1495年）之《北镇庙重修记》碑，记载了当时增建山门、钟楼、鼓楼的情况，“……剪拂荒芜，去阻铲圬，隳（huī）隆就夷，自殿亭以下皆易之以美材。夫北镇礼秩居他镇之首，永奠东土，御我边疆，利我边民，与五岳海渎同功。历代所以崇祀之者在是，边方所以依仰之者在是。今韦公拳拳新其庙貌，广其规模。”碑文述说了闾山的地位、记载了韦朗主持维修、扩建北镇庙的功绩、建筑规模及修建的官员、工匠。这几十方碑都是石头的史书，表达了北镇庙的兴衰演变的历史，记述了各朝代的祭山活动及仪式，反映了不同时代的政治、经济、文化状况。

神庙的石碑还具有较高的艺术价值。这些石碑留下了元、明、清三代不同时间的书法，虽大都不是出自大家之手，但都是当时当地的名人手迹，为研究中国书法艺术留下了宝贵资料。乾隆、嘉庆、道光曾多次东巡游祭医巫闾山，并都留下御笔碑刻。乾隆八年（1743年）所立《广宁道中作》碑，刻有一首七言诗：“囷（qūn）鹿高堆富有秋，村农稍为展眉头。小阳春旭烘华早，长女风光猎彩游。素积鳞塍（chéng）真胜玉，青含麦垅正如油。何当豳（bīn）里连京洛，三白酬予望岁眸。”碑文为行草，书写飘洒流畅，雕刻精细。这些石碑还显示了各代的石雕艺术。碑头、碑身、碑座都刻有装饰，如龙、龟、植物花卉等。在雕刻手法上，有高雕、浅雕等多种。其中以赑屃鳌坐碑最有特色，一般碑首、碑身为整石雕成，不设云盘，碑首碑身过渡自然，外形简洁，浑然一体；碑座赑屃比《营造法式》规定要长（法式规定鳌座长倍碑身之广），一般是碑身宽2.5倍左右，驼峰（碑身与赑屃的过渡部分）较低，雕凿不多，显得刚劲有力，具有辽代碑的韵味，这与碑首盘龙的富有变化的精细雕刻形成鲜明对比，使碑体颇为生动。

北镇庙内的石碑历经几百年的沧桑岁月，它们在那里永远述说着医巫闾山神庙的历史，时代的变迁，营造着不可言说的故事和神秘的氛围。

大事年表

朝代	年号	公元纪年	大事记
虞舜时期		约公元前21世纪初	舜将全国按不同区域划分为十二州，每州各封一山为镇山，医巫闾山为幽州镇山
隋	文帝开皇十四年	594年	下诏于医巫闾山东麓“就山立祠”，此祠为北镇庙之始，称为“医巫闾山神祠”
唐	玄宗天宝十年	751年	封医巫闾山为“北镇爵广宁公”
金	世宗大定年间	1161—1190年	封医巫闾山为广宁王
元	成宗大德二年	1298年	二月二日，加封医巫闾山为“贞德广宁王”，并置“圣诏之碑”于北镇庙内。重申，每年祭山为常例，且与祭祀五岳、四渎仪式规模相同
明	太祖洪武三年	1370年	诏定岳、镇、海、渎神号，直称“北镇医巫闾山之神”
明	永乐十九年	1421年	朝廷下令对北镇庙进行了大规模的扩建，撤其旧制，创建了前殿五间、中殿三间、后殿七间，在后殿左右各建殿五间，增建神马门及外垣
明	弘治七年	1494年	朝廷命指挥闵质在北镇庙前建木制牌坊一座，增建钟、鼓楼及左右翼殿
清	雍正六年	1723年	重修北镇庙各殿宇，重修御香殿五楹、大殿七楹、更衣殿三楹、大门五楹。建石牌坊一座、碑亭两座
清	光绪十八年	1892年	维修北镇庙。在这次维修中改原大殿七间为五间，山门五间为三间，建缭垣340丈
中华人民共和国		1988年1月	经国务院公布，闾山北镇庙为全国重点文物保护单位

图书在版编目（CIP）数据

阎山北镇庙 / 鲍继峰等撰文 / 鲍继峰等摄影. —北京：中国建筑工业出版社，2014.6
（中国精致建筑100）
ISBN 978-7-112-16913-9

Ⅰ. ①阎… Ⅱ. ①鲍… ②鲍… Ⅲ. ①佛教–寺庙–建筑艺术–锦州市–图集 Ⅳ. ①TU-098.3

中国版本图书馆CIP 数据核字（2014）第110982号

责任编辑：董苏华 张惠珍 孙立波
技术编辑：李建云 赵子宽
图片编辑：张振光
美术编辑：赵 清 康 羽
书籍设计：瀚清堂·赵 清 周伟伟 康 羽
责任校对：张慧丽 陈晶晶 关 健
图文统筹：廖晓明 孙 梅 骆毓华
责任印制：郭希增 臧红心
材料统筹：方承艺

中国精致建筑100

阎山北镇庙

鲍继峰 包慕萍 周洪山 赵 杰 撰文/鲍继峰 包慕萍 Muse Davis 摄影

中国建筑工业出版社出版、发行（北京西郊百万庄）
各地新华书店、建筑书店经销
南京瀚清堂设计有限公司制版
北京顺诚彩色印刷有限公司印刷

开本：889×710 毫米 1/32 印张：$2^7/_8$ 插页：1 字数：123 千字
2015年11月第一版 2015年11月第一次印刷
定价：**48.00**元
ISBN 978-7-112-16913-9
（24361）